车载卷扬机

履带式起重机

钢筋台车

重型自卸车

作业台车

滑升模板（移动式）

履带式推土机

履带式推土机（牵引用）

振动碾

液压挖掘机

自行式振动碾

U0240407

印度尼西亚希拉塔水力发电站于1983年12月动工，历时5年，于1988年9月建成。该水电站的蓄水量约为22亿立方米（22亿吨），比日本十和田湖的蓄水量大20％。仅建造大坝时形成的湖的面积就达到了64平方千米。这项工程前后有5000余名工人参与，可谓现代金字塔式工程，当时在世界范围内引起了关注。

　　这项工程总预算高达6亿美元（包括来自世界银行的融资），是一项国际性工程。日本派出的技术人员多达300名。在创作本书的过程中，作者得到了当时承建巨型地下隧洞的大成建设公司的鼎力支持与协助。

大坝建成了

〔日〕加古里子◎著　　王　伦◎译

北京科学技术出版社
100层童书馆

小旺是一个健康活泼的印度尼西亚男孩。傍晚时分，在能源部工作的爸爸回来了，弟弟和妹妹欢呼着跑向爸爸。

加那利海枣

斑姬地鸠

番木瓜树

西红柿

榴梿

番木瓜

阳桃

香蕉

鸡

爸爸说他要去芝塔龙河沿岸工作。
小旺有点儿舍不得爸爸。据说，芝塔龙
河附近到处都是深深的山谷。

波罗蜜

三角梅

火鸡

鸭子

3

丽松鼠

银白长臂猿

食蟹猴

长臂猿

双角犀鸟

豚尾猴

网纹蟒

飞蜥

能源部很久以前就开始派人在芝塔龙河流经的希拉塔山谷工作。看到这些工作人员忙碌的身影，山里的动物们议论纷纷。

"好多人在那儿凿石挖洞呢！"

"他们究竟在干什么呀？"

"是来抓我们的吗？"

"不是！他们只是取一些河水，用一些稀奇古怪的东西看看这儿瞧瞧那儿。"

赤麂

爪哇野牛

针对地形及地质构造等所做的调查研究工作，叫作地质勘查。

能源部的工作人员正在勘查山脉的形状、岩石的硬度以及河流的情况。

针对水的质量所做的调查研究工作，叫作水质分析。

条纹林狸

地质勘查的目的之一是绘制精确的地形图。

翠鸟

山羊

蝎子

豪猪

科莫多巨蜥

翠青蛇
（别名"小青龙"）

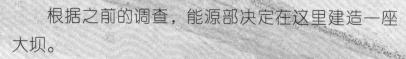

　　根据之前的调查，能源部决定在这里建造一座
大坝。

　　大坝拦截芝塔龙河的水，让河水推动水轮机旋
转，从而带动发电机发电。发电机发的电将用于机
器运转和家庭照明等，让人们的生活更加方便。

　　一家日本公司承担了这项工程的设计工作。

另外一家日本公司和一家印度
尼西亚公司则共同承担了建造大坝
及挖掘隧洞的工作。

印度尼西亚国徽上的
金色的鹰

发电机、变电站和输
电设备分别由澳大利亚、
法国和德国的公司负责。

正男是日本一所小学的学生，他的妹妹友子还在上幼儿园。他们的爸爸即将和同事们一起奔赴印度尼西亚建造大坝。

每天，正男的爸爸和同事们都会开会商讨如何开展工作。

水

拱坝

混凝土

河流的情况、周围山脉的形状以及岩石的硬度
不同，建造大坝的方法也不同。

面板堆石坝（表面防渗型）

混凝土防渗面板

水

石料

趾板

坚硬的岩石（基岩）

水

混凝土

重力坝

芝塔龙河地区适合采用
堆石筑坝的方法建造堆石坝
来拦截河水。

很快，正男的爸爸和同事们陆陆续续离开日本，前往印度尼西亚的希拉塔山谷。

用来建造大坝的先进机械设备和大型车辆等也从世界各地运到了印度尼西亚的港口。

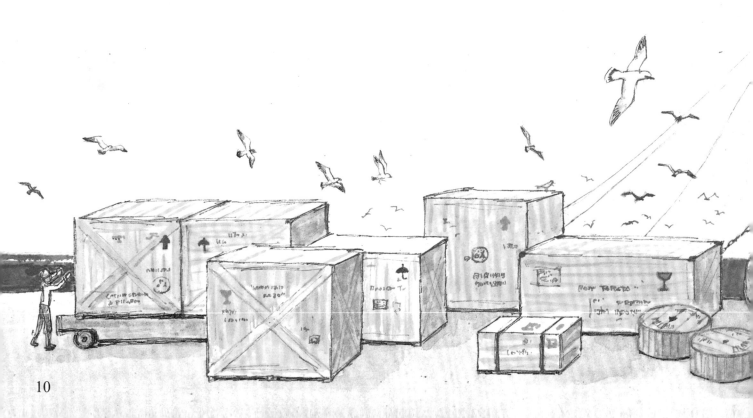

印度尼西亚鹰航空公司的飞机

抵达港口的机械设备、车辆和行李等必须迅速转运到建造大坝的山坳里，否则工程就会延误。

履带式
装载机

压路机

汽车式起重机

大型货车

挂车

三轮车

车辆穿过城镇来到修建大坝的地方。
工人们正在崇山峻岭间开山凿石——

履带式
推土机

——一条可供大型车辆
通过的道路正在修建之中。

履带式推土机

13

工人们的宿舍建在希拉塔山谷附近的山里，他们要在这里
住到工程结束。大家幽默地称自己在"野营"。

后来，从爪哇岛东
部和北部陆陆续续来了
很多工人，他们也参与
了大坝的建造。

澳大利亚的工程师和德国的电工也来了。

"Good morning！" *
"Selamat pagi！" **

小旺的爸爸和正男的爸爸都在希拉塔山谷工作，每天早上他们会大声地互相问候。

从工人们住的地方俯瞰山谷，可以看到
河流从左向右蜿蜒奔流，然后拐了一个弯。

高压线

变电站

发电站

水闸

最高水位线

进水口（取水口）

大坝建成后，水最高会 蓄 积到这个位置。

芝塔龙河

叶子虫

螳螂

大坝将建在河流拐弯的地方。
被拦截的河水将形成一个大湖，水位
最高可以到达白色虚线所在的位置。

河水通过进水口后，流到
发电站推动机器发电。

出水口

泄洪隧洞
调节大坝内的蓄水量。
下暴雨时开闸放水。

大坝

导流隧洞
在修建大坝的过程中，
河水经导流隧洞流走。

围堰
临时修建的拦截河流的堤
坝，在施工过程中可防止
河水进入工地。

竹节虫

因此，要建造大坝，就要先挖掘隧
洞（导流隧洞），改变河流的路线。

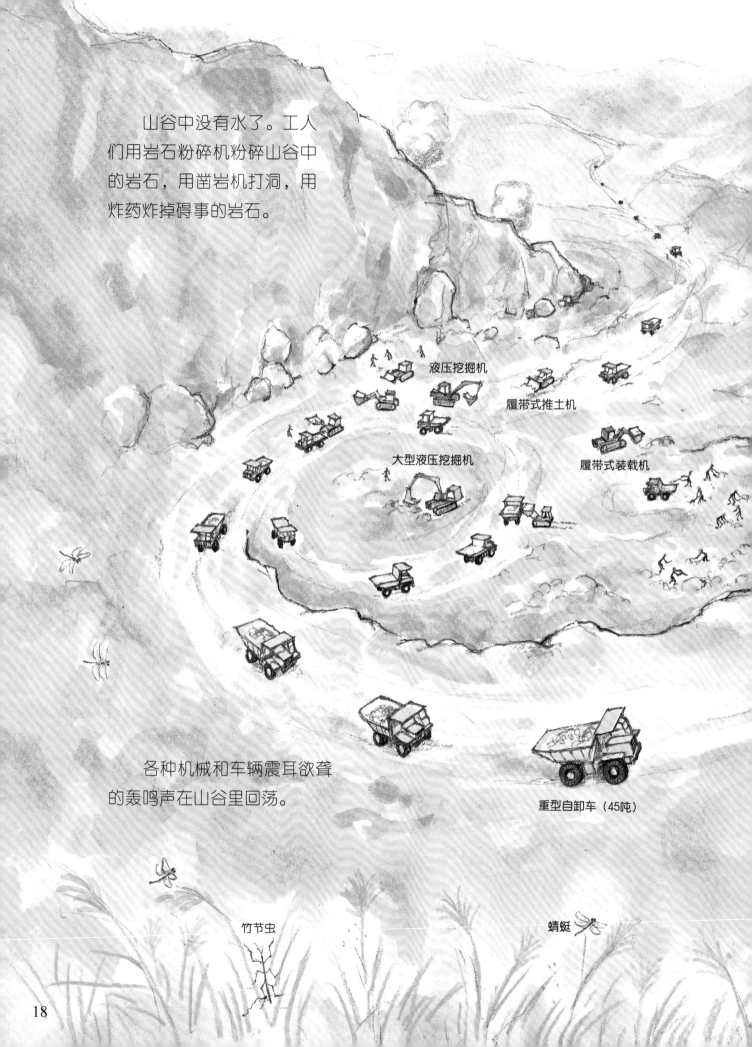

山谷中没有水了。工人们用岩石粉碎机粉碎山谷中的岩石，用凿岩机打洞，用炸药炸掉碍事的岩石。

液压挖掘机

履带式推土机

大型液压挖掘机

履带式装载机

各种机械和车辆震耳欲聋的轰鸣声在山谷里回荡。

重型自卸车（45吨）

竹节虫

蜻蜓

挖掘机尖锐的钢爪在河床上挖掘着，重型自卸车将堆积的泥沙运走。

挂车式自卸车

易碎的岩石也被清走，直到露出坚硬、结实的岩石。

自卸车运了一趟又一趟，尘土四处飞扬。

可以精确测量距离、方向及高度的经纬仪

最后，像抹布擦去灰尘一样，大型机械把残余的泥沙一扫而光，河底坚硬的岩石完全露出来了。

为了避免蓄积的河水渗漏，正男的爸爸和同事们计划用混凝土在岩石上建造趾板，用来连接混凝土防渗面板和基岩。

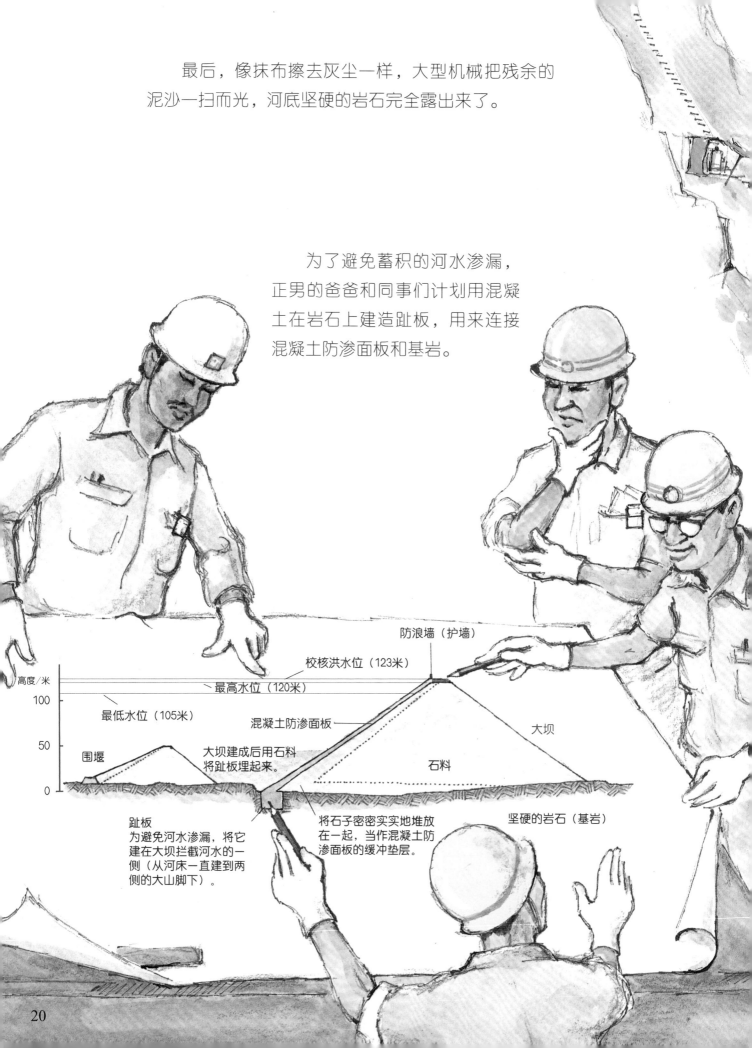

防浪墙（护墙）

校核洪水位（123米）

最高水位（120米）

高度/米

100

最低水位（105米）

混凝土防渗面板

大坝

50

围堰

大坝建成后用石料将趾板埋起来。

石料

0

趾板
为避免河水渗漏，将它建在大坝拦截河水的一侧（从河床一直建到两侧的大山脚下）。

将石子密密实实地堆放在一起，当作混凝土防渗面板的缓冲垫层。

坚硬的岩石（基岩）

将水、水泥、砂石料和其他材料混合在一起制造混凝土的机械设备

将山上的岩石破碎成小颗粒，制造砂石料（沙子和石子）的机械设备

将铁棒（固定物）埋入地下并用混凝土加固，建造防止河水渗漏的趾板。趾板包住大坝的边缘，从河床一直延伸到两侧的大山脚下。

混凝土搅拌机

建好与坚硬的岩石连为一体的趾板后，工人们便按照设计图堆放石料。

这些石料是附近的岩石经初步破碎而成的，它们大小不一，被车辆翻山越岭运到这里。

重型自卸车（45吨）

21

石料从重型自卸车上卸到工地上以后，被推土机推平，然后被洒上水，最后被振动碾来来回回地碾压。

履带式推土机

自动平路机

大型液压挖掘机

自行式振动碾

就这样，随着振动碾的振动，这些大小不一的石料被密实地压在一起。

一辆接一辆的自卸车不停地运来石料。日子一天天过去，石料堆得越来越高，都被碾压得结结实实的。

履带式起重机

洒水车

振动碾

履带式推土机（牵引用）

自行式振动碾

正午，阳光火辣辣地照在大地上。工人们大汗淋漓，但仍然热火朝天地工作着。

振动碾将地面压实，为浇筑混凝土做准备。

振动碾

巽他领角鸮

蜂猴

南洋大兜虫

大壁虎

鼩鼱

日本田鼠

刺猬

血蟒

野生绵羊

赤鹿

即使到了晚上，工人们也没有停止施工，因为必须在规定的日期建成大坝，让附近的人们早日用上电。因此，长胡子叔叔那一组的工人下班后，喜欢弹吉他的叔叔和他的伙伴们就开始工作了。

黄冠鹎

树鼩

猞猁

黄鼠狼

夜里，无论是动物们出来觅食的时候，还是它们拥着自己的孩子睡觉的时候，工人们都在忙碌。

他们辛勤地工作着，不停地搬运、堆放石料……

野猪

穿山甲

重型自卸车

几个月过去了，几年过去了，工程还在继续。

现在，炎热少雨的季节已经过去，硕果累累的丰收季节到来了。每到午后，就会下起大雨。不一会儿，道路上就积水成河。

突然，前方的路段发生坍塌，然而卡车未能刹车，因为轮胎打滑了。

"危险！"

司机来不及调整方向，卡车陷了下去。车头严重损坏，车上装载的石料倾洒出来。

爪哇飞蛙

蜗牛

挂车式自卸车

工人们经常遇到这样的危险，需要不断地克服各种各样的困难。

终于，石料整整齐齐地
堆到了设计图规定的高度。
山谷中出现了一座坚固的
"三角形山"。

塔式起重机

这座用石料堆成的"三角形山"
便是用来拦截水流的大坝。

混凝土搅拌机

在这座状如"三角形山"的大坝拦截水流的那一面，工人们要建造混凝土防渗面板，以防河水渗入堆积的石料之间的缝隙。

① 在大坝表面铺上石子并压平。
② 在接缝处安装止水板。
③ 安装模子和滑升模板所需的轨道。
④ 组装钢架。
⑤ 安装滑升模板。
⑥ 混凝土搅拌机不断地将混凝土注入滑升模板，从下往上建造厚厚的混凝土防渗面板。
⑦ 等待混凝土凝固。

翻斗车

钢筋台车

滑升模板（移动式）

液压挖掘机（轮胎式）　自行式振动碾

29

当混凝土防渗面板建成，大坝的样子已经基本呈现的时候，建在大坝不远处的进水口和水闸也相继完工了。

其实，并非只有一眼就可以看到的露天工地上有人在工作。

在大坝左侧的大山深处，也有人正在为一项重要的工程日夜奋战。

大坝控制中心
（大坝管理办公室）

这里是管理大坝、确保一切正常运转
的地方。这里的工作人员可以与发电
站保持联系，根据所需的发电量调节
大坝的水位及流量。

施工中

泄洪隧洞

导流隧洞

水闸

取水口

这是一项巨大的工程，任务是在山中挖洞、建造地下厂房。这里说的"挖洞"并不是在大山里随随便便挖个洞，因为有的山岩沉重无比，极易塌落。

图中的长线代表锚杆（20米），短线代表岩栓（7米）。锚杆可以牵引100吨的重量，岩栓可以牵引10吨的重量，从而维持岩层的稳定。锚杆一般由一束钢丝制成，表面被包住以防生锈，直径在10厘米以上，可以深入基岩20米，将其牢牢固定。

因此，在施工过程中工人们要确保重力平衡，同时一点点地开凿岩石，最终挖出一个横截面为蛋形的洞。

同时，还要在周围的岩石上密密麻麻地插入很粗的钢丝（锚杆）和铁棒（岩栓）——隧洞看起来就像刺猬一样。这样一来，岩石就被牢牢地固定而不会塌落了。

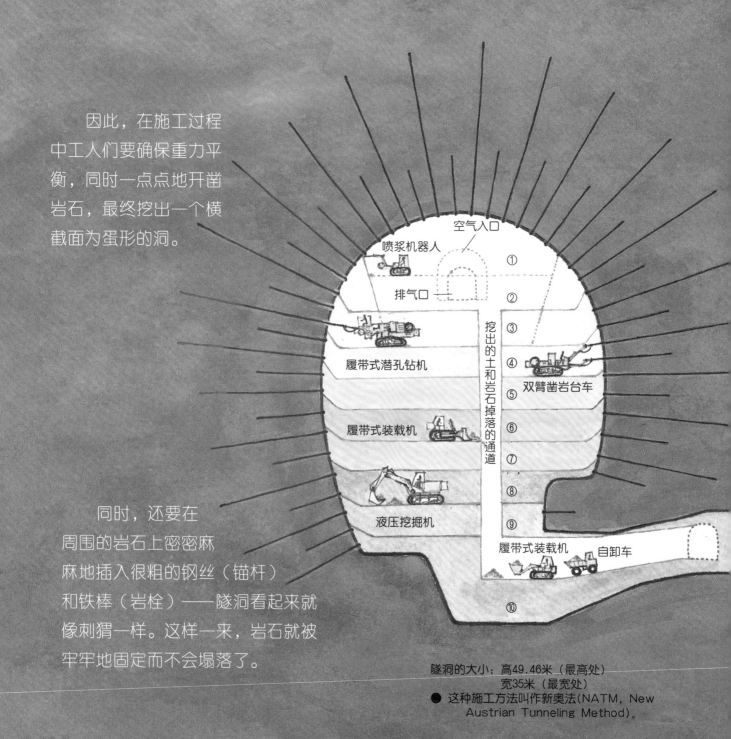

空气入口
喷浆机器人
排气口
①
②
③
④
⑤
⑥
⑦
⑧
⑨
⑩
履带式潜孔钻机
双臂凿岩台车
挖出的土和岩石掉落的通道
履带式装载机
液压挖掘机
履带式装载机　自卸车

隧洞的大小：高49.46米（最高处）
　　　　　　宽35米（最宽处）
● 这种施工方法叫作新奥法(NATM, New Austrian Tunneling Method)。

喷浆机器人

双臂凿岩台车

挖掘到①时的样子，即隧洞最初的样子。喷浆机器人往洞顶喷涂混凝土。工人不断探测岩石的情况，以便确定锚杆和岩栓插入的位置。洞顶突出的便是插入的锚杆和岩栓露在外面的部分。

挖掘到③时的样子。利用履带式潜孔钻机和双臂凿岩台车钻出孔洞，然后插入锚杆和岩栓。

挖掘到⑤时的样子。液压挖掘机正在工作。

巨大的隧洞终于挖好了，里面
可以同时举行15场网球比赛。

▼ 地下厂房

自由女神像（美国）高46米

波音747飞机（美国）长70.5米

▼ 发电机

49.46米

网球比赛场地 篮球场
11米×24米 15米×28米

国会议事堂（日本）长206.36米、高65.46米

253米

将这个隧洞与其他建筑物和飞机进行比较之后，大家知道它有多大了吧？

在这个巨大的空间内工人们还要建造一个平台，用来安放沉重的发电机。平台要正好能放下发电机。

为确保发电机正常运转，安装时不能出现一丝一毫的误差。

转子

桥式起重机

发电机

水轮机蜗壳

定子

看到安装发电机
的情景，电工拉纳微
笑着称赞道："Gut !
Sehr gut ! " *

*德语：太棒了！真是太棒了！

37

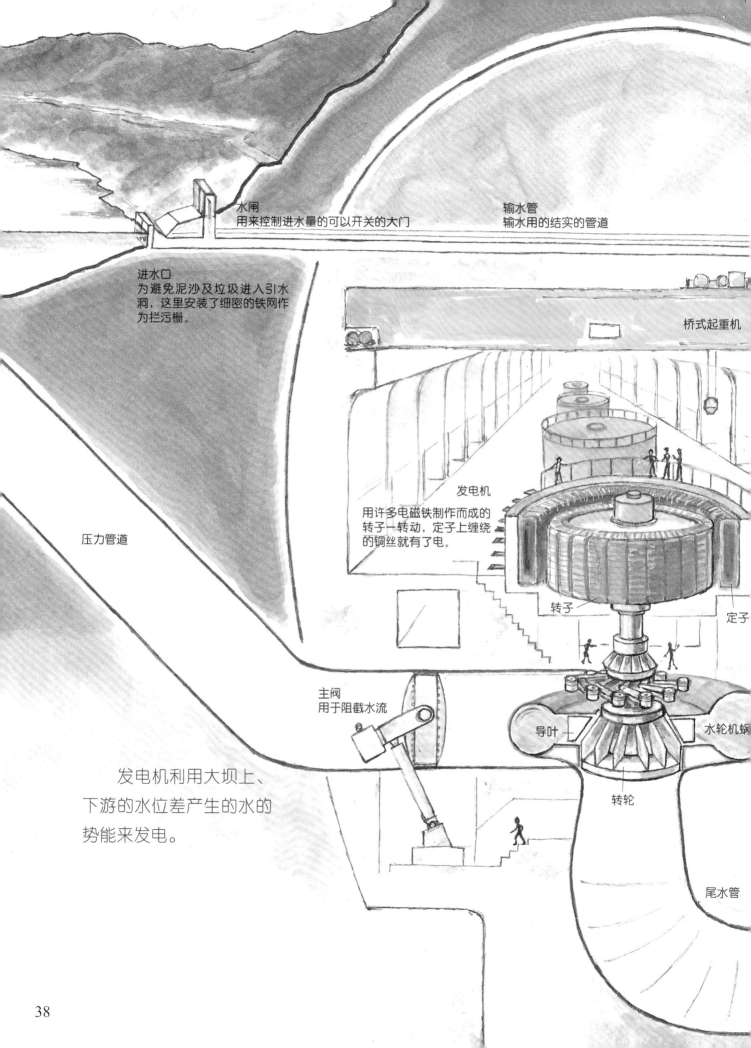

水闸
用来控制进水量的可以开关的大门

输水管
输水用的结实的管道

进水口
为避免泥沙及垃圾进入引水洞，这里安装了细密的铁网作为拦污栅。

桥式起重机

发电机
用许多电磁铁制作而成的转子一转动，定子上缠绕的铜丝就有了电。

压力管道

转子

定子

主阀
用于阻截水流

导叶

水轮机蜗

发电机利用大坝上、下游的水位差产生的水的势能来发电。

转轮

尾水管

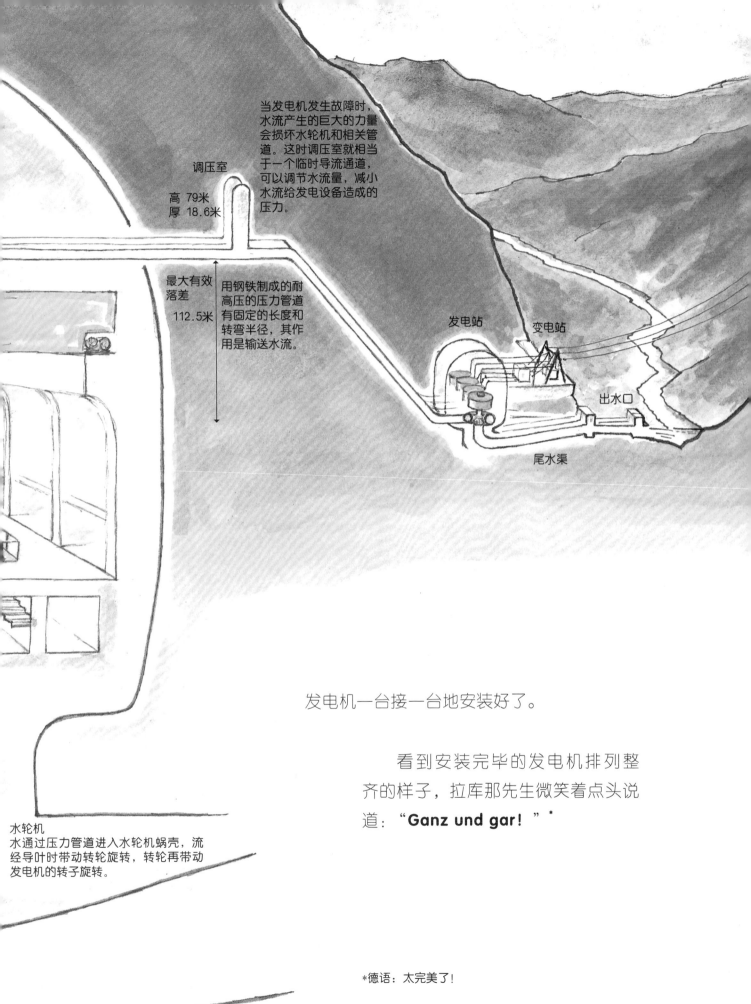

当发电机发生故障时，水流产生的巨大的力量会损坏水轮机和相关管道。这时调压室就相当于一个临时导流通道，可以调节水流量，减小水流给发电设备造成的压力。

调压室

高　79米
厚　18.6米

最大有效落差
112.5米

用钢铁制成的耐高压的压力管道有固定的长度和转弯半径，其作用是输送水流。

发电站

变电站

出水口

尾水渠

发电机一台接一台地安装好了。

看到安装完毕的发电机排列整齐的样子，拉库那先生微笑着点头说道："Ganz und gar！"*

水轮机
水通过压力管道进入水轮机蜗壳，流经导叶时带动转轮旋转，转轮再带动发电机的转子旋转。

*德语：太完美了！

39

输电塔

发电站外面建造了很多输电设备。

要将发电机生产的电能输送到远方的城镇和工厂，就必须将电压升高。这就要用到变电站。

巨型蝙蝠

配电装置
进行电力传输和再分配的电气设施

这里便是将发电机生产的电能升压（升高电压，变成高压电）后再传输出去的地方。电压越高，电能在传输过程中的损失就越小。在被送到居民家中或者工厂之前，高压电已经在城镇附近的一次变电站和二次变电站分别接受了降压处理。

变电站

夜蛾

夜鹰

高压线

菊头蝠

从变电站输出的高压电通过
结实的电线传输出去。
　　一座座高高的铁塔沿着山脉
竖了起来，每座铁塔上面都架着
几根电线。

鼯猴

野鸭

大坝竣工、希拉塔水电站的发电设备安装完毕后，导流隧洞的闸门关闭，大坝开始蓄水。

白鹭

小苇鳽

非洲秃鹳

燕子

水獭

黑水鸡

水牛

大坝

泄洪隧洞

水闸

取水口

漂浮船
供人乘坐去堵住大
坝底部的导流底孔
以及修理水闸和取
水口的船

金丝燕

水位渐渐升高，水面
一点点变宽。孩子们来到
河边，在这里尽情奔跑，
玩水嬉戏。

长臂猿

眼镜猴　银色乌叶猴

苍鹭

赤麂

山羊

食蟹猴

山里的动物们也来到
这里喝水、嬉戏。

前后历时五年，希拉塔工程终于
完工了。
　人们迎来了竣工庆典。

共事多年的工程师和工人们欢聚一堂。
　印度尼西亚总统、政府官员、附近山村里的
重要人物出席了庆典。
　山村里的长者和附近城镇上的孩子们也前来
观礼。

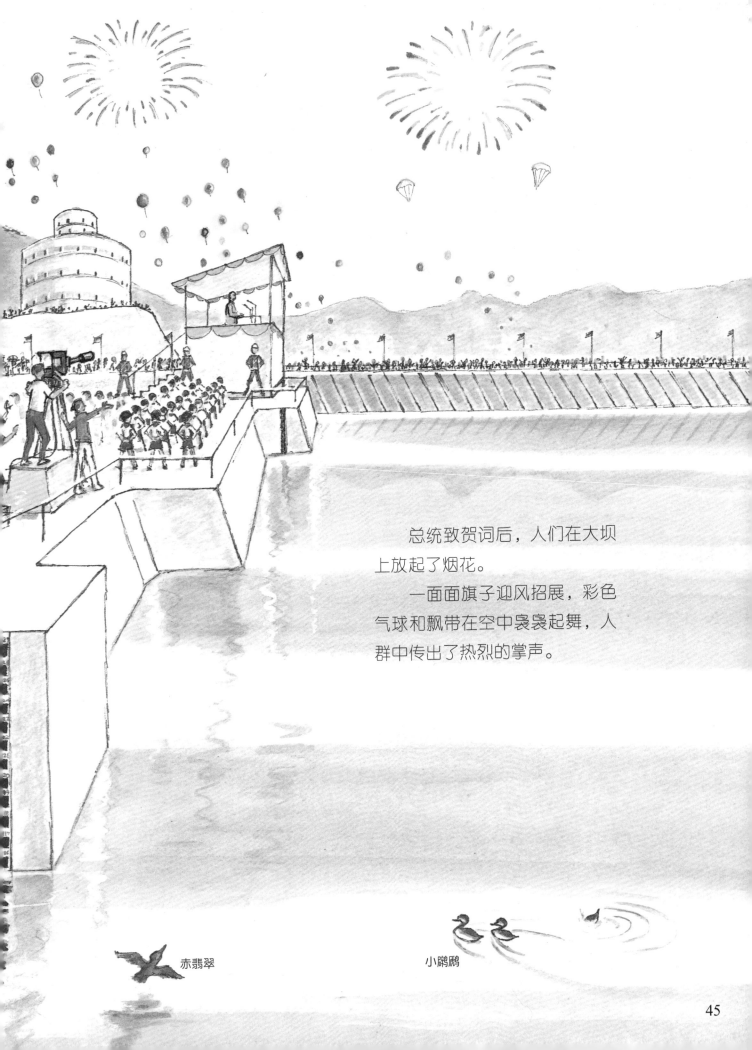

总统致贺词后，人们在大坝上放起了烟花。

一面面旗子迎风招展，彩色气球和飘带在空中袅袅起舞，人群中传出了热烈的掌声。

赤翡翠

小䴙䴘

绿翅金鸠

黄冠鹎

大杜鹃

"谢谢！" "太好了！"

"Merci！"* "Terima kasih！"**

人们互相致谢，喜悦之情发自肺腑。

来自法国的工程师和来自德国的电工笑着握了握手。

小旺的爸爸开心极了，正男的爸爸也满脸笑容。

*法语：谢谢！　　**印度尼西亚语：非常感谢！

绿皇鸠

水闸
取水口

丽松鼠

凤蝶

冕雀

46

前来参观大坝的人们和山里的动物们由衷地赞叹。

"好漂亮的大坝！"

"蓄了好多水啊！真了不起！"

"工程师和工人们都辛苦了！"

"感谢他们！"

建设者们付出全部智慧和力量建造的这座大坝，今后一定会一直受到大家的喜爱与珍视。

尼柯巴鸠

再见！

Selamat jaran！ *

Selamat tinggal！ **

泄洪隧洞口

*印度尼西亚语：保重！

**印度尼西亚语：再见！

●后记

本书再现了人们在印度尼西亚的希拉塔山谷建造水力发电站的情景。

其实早在1959年，我就曾创作过以建造大坝为主题的绘本。但令人遗憾的是，由于经济及社会的变化，现在那本书已经绝版了。与美国田纳西流域管理局（TVA）的观点一样，我认为在国家和地区经济的发展问题上，水力发电作为人类的一种核心技术和一项基本事业，是永远不会消失的。就在努力寻求与其相关的项目和创作机会时，我从读者那里得知，一项全球规模的建设计划正以国际合作的新形式展开。于是，时隔30年我又积极地投身于这样一份工作。非常感谢相关人员深切的理解以及在我取材时给予的方便。

在本书终于成功地和读者见面的今天，我想将它献给支持我的各位朋友以及当时在现场奋斗的各国工程师和工人。希望孩子们通过本书了解那些伟大的建设者付出的伟大劳动，看到国际合作的和谐与美好，以及人们的相互信赖与尊重。

加古里子（1926年3月31日－2018年5月2日）

日本绘本作家，儿童文学作家，工学博士，毕业于东京大学工学院。1959年开始为福音馆写稿，从此踏上绘本创作之路；1973年退休后，投身于科学技术及教育文化方面的研究、出版和推荐工作。主要作品有"加古里子的身体科学绘本"系列（全10册）、"加古里子虫牙绘本"系列（全3册）、"小达摩"系列和《乌鸦面包店》等。《你的家我的家》获产经儿童出版文化奖奖励奖，《游玩四季》获久留岛武彦文化奖，《金字塔》获吉村证子日本科学读物奖。

Dam wo Tsukutta Otosan-tachi

Copyright © 1988 by Satoshi Kako

First published in Japan in 1988 by KASEI-SHA Publishing Co., Ltd., Tokyo

Simplified Chinese translation rights arranged with KAISEI-SHA Publishing Co., Ltd.

through Japan Foreign-Rights Centre/Bardon-Chinese Media Agency

Simplified Chinese Translation Copyright © 2023 by Beijing Science and Technology Publishing Co., Ltd.

著作权合同登记号　图字：01-2018-3417

图书在版编目（CIP）数据

大坝建成了 /（日）加古里子著 ；王伦译. —北京：北京科学技术出版社，2023.1
ISBN 978-7-5714-2497-8

Ⅰ. ①大… Ⅱ. ①加… ②王… Ⅲ. ①大坝—儿童读物 ②水力发电站—儿童读物　Ⅳ. ① TV649-49 ②TV74-49

中国版本图书馆 CIP 数据核字 (2022) 第 145797 号

策划编辑：荀　颖		电　话：0086-10-66135495（总编室）	
责任编辑：樊川燕		0086-10-66113227（发行部）	
封面设计：沈学成		网　址：www.bkydw.cn	
图文制作：沈学成		印　刷：北京博海升彩色印刷有限公司	
责任印制：张　良		开　本：889 mm×1194 mm　1/16	
出 版 人：曾庆宇		字　数：44 千字	
出版发行：北京科学技术出版社		印　张：3.5	
社　　址：北京西直门南大街 16 号		版　次：2023 年 1 月第 1 版	
邮政编码：100035		印　次：2023 年 1 月第 1 次印刷	
ISBN 978-7-5714-2497-8			
定　　价：45.00 元			

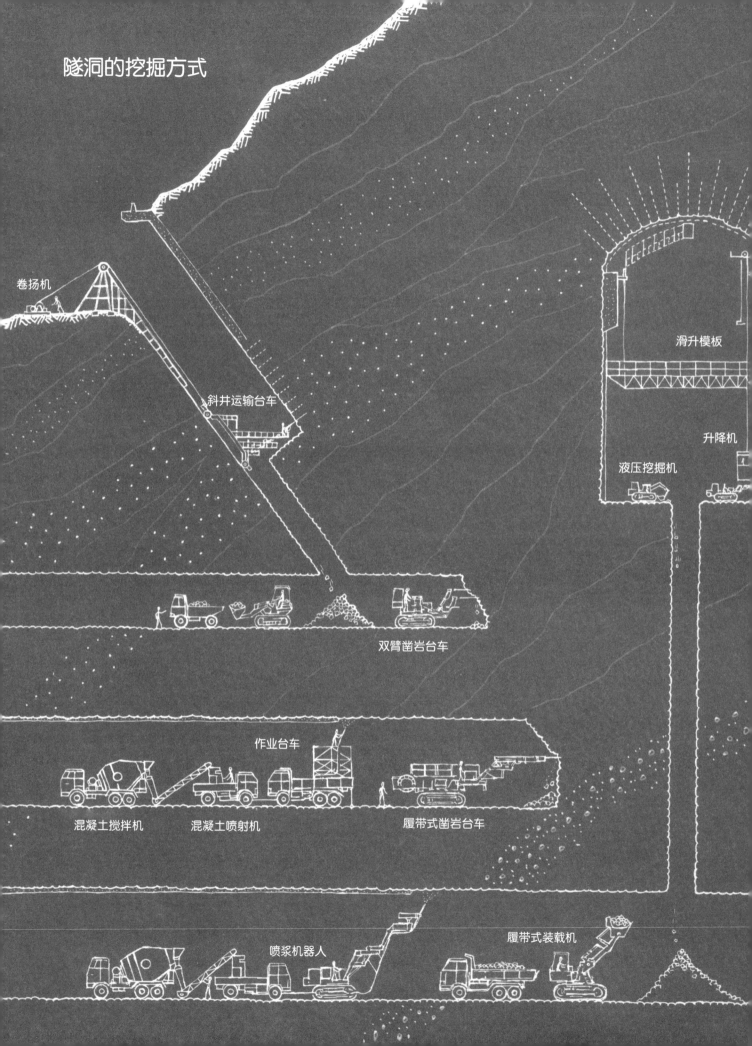

隧洞的挖掘方式